飞行员胜任特征
编码词汇

宋华淼　著

清华大学出版社
北京

版权所有，侵权必究。举报：010-62782989，beiqinquan@tup.tsinghua.edu.cn。

图书在版编目（CIP）数据

飞行员胜任特征编码词汇 / 宋华淼著 . —北京：清华大学出版社，2022.6
ISBN 978-7-302-61046-5

Ⅰ.①飞… Ⅱ.①宋… Ⅲ.①飞行人员—航空心理学—名词术语 Ⅳ.①V321.3-61

中国版本图书馆 CIP 数据核字（2022）第 096448 号

责任编辑： 孙　宇
封面设计： 吴　晋
责任校对： 李建庄
责任印制： 丛怀宇

出版发行： 清华大学出版社
　　　　　网　　　址：http://www.tup.com.cn，http://www.wqbook.com
　　　　　地　　　址：北京清华大学学研大厦 A 座　　邮　　　编：100084
　　　　　社　总　机：010-83470000　　　　　　　　邮　　　购：010-62786544
　　　　　投稿与读者服务：010-62776969，c-service@tup.tsinghua.edu.cn
　　　　　质量反馈：010-62772015，zhiliang@tup.tsinghua.edu.cn
印　装　者： 三河市东方印刷有限公司
经　　　销： 全国新华书店
开　　　本： 127mm×185mm　　　**印　　张：** 3　　**字　　数：** 40 千字
版　　　次： 2022 年 8 月第 1 版　　　**印　　次：** 2022 年 8 月第 1 次印刷
定　　　价： 29.00 元

产品编号：091527-01

前　言

　　职业的人力资源选拔需要研究职业胜任特征，为了科学建构职业人力资源的人才特征，研究者通常会建立胜任特征模型，为职业人力资源的选拔、培养、配置、训练提供科学依据。在模型建立过程中，将访谈的资料有意识切割，提取每一段切割内容信息所表达的行为意义，将其"翻译"为行为指标特征，是提炼胜任特征行为特征指标的关键，也是编码的过程。编制《飞行员胜任特征编码词汇》是研究胜任特征模型的关键环节，对人力资源选拔发挥重要的作用。

　　近 30 年来，质性研究方法已经渗透于社会科学研究的各个领域，它解决了许多量化研究方法无法解决的问题，胜任特征编码是质性研究方法的重要内容。2006 年，某项基层主官胜任特征模型研究课题以行为事件访谈作为开端，通过对访谈录音转录的文稿资料编码，提取了支撑"成功"事件意义的行为特征指标，按照360度的评价，采用探索性因子分析、结构方程AMOS方法，成功构建和验证了基层主官"三维核心胜任特征模型"架构的科学真实性，本课题2014年获得军队科技进步一等奖。2012年以来，针对飞行员有关能力素质的研究，以及心理选拔与训练等研究课题，均采用了编码的方法，并得到了很好的验证。

近年来，各类文献中对飞行相关的心理评价指标和胜任特征指标概念不统一，说法不一致，给研究带来了极大的困难，激发了我编撰一本飞行员胜任特征编码词汇的动力。编撰飞行员胜任特征编码词汇是一项研究胜任特征重要的前提性工作，不仅为研究者提供研究飞行员胜任特征的编码工具，而且明确了飞行员胜任特征指标词汇的释义，减少相近词汇不同解释带来的问题。

本书按照O*NET分类法，分为知识、能力、技能、活动、风格和价值等6个部分，共计199个词汇，每一个行为特征词均给出了英文名、定义或注释。感谢空军特色医学中心航空心理研究室张焱助理研究员，

以及某空军基地陈蓉蓉干事给予的帮助，内容有不当
之处，敬请批评指正。

宋华淼

2022 年 6 月于北京

目　录

一、胜任特征概述

胜任特征（competency）的概念可以追溯到古罗马时代，当时人们就曾通过构建胜任剖面图（competency profiling）来说明"一个好的罗马战士"的属性。现代对胜任特征的研究与应用，具有开创性贡献的是美国哈佛大学心理学家麦克里兰（McClelland）博士，他在美国外事局进行甄选驻外联络官（Foreign Service Information Officers，FSIO）的研究中发现，FSIO需要具备与其他职业不同的独特特征。麦克里兰于1973年发表了《测量胜任特征而非智力》（*Testing for Competency Rather Than for Intelligence*）一文，成为正式提出胜任特征概念的第一人。

（一）胜任特征的概念

胜任特征，是个体获取与特定职业相对应成就的特质，即"人-岗"匹配下的成就特质，进一步讲，是一个好的胜任者具有的深层次个人潜在特质。按照麦克里兰的说法，个人潜在特质是决定工作绩效的高低和个人职业生涯是否成功的关键，它不是以单纯的智力因素来衡量工作绩效，而是重视了诸如"成就动机""团队影响力"等非智力因素。基于此，麦克里兰主张用胜任特征评估来代替传统的学业和能力倾向测试，提出了胜任特征的有效测验原则，并将直接影响绩效的个人特质和行为特征称为胜任特征。20年后斯宾塞（Spencer）夫妇深化、发展了胜任特征的概念，明确指出："胜任特征就是在某一工作领域中，能够显著区分卓越成就者与表现一般者，并能被测量量化的个人潜在深层次特征，主要包括动机、特质、自我概念、知识和技能等。"

胜任特征的核心属性是潜在特质与效标关联，它们之间具有高度的因果关系。潜在特质，隐含着外在的表现力或内在的思考力，这种特质可以类推到个人工作或生活上，它能够在一个人身上保持相当长的时间；它可以预测一个人在复杂的工作情境及担当重任时的工作效能；它能够用来预测绩效及行为表现。效标，指的是利用特定的标准来衡量效能，它和潜在特质关联。例如，衡量一名飞行员的作战效能，是看他如何成功地应对复杂环境及打掉敌机的数量。

（二）胜任特征深层次内容

胜任特征深层次内容，指的是人格深层与持久的那部分特征，具有跨情景和跨时间稳定的特点。斯宾塞（1993）指出，深层次胜任特征包括以下五点。

1. 动机（motivation）

动机是一个人对某种事物持续渴望，进而付诸行动以达到目标的内部驱力。它驱使并引导人们做出选择，在众多目标或行动中有所属而且坚定不移。可以说，一个具有强烈成就动机的人，会一直不断地为自己一次又一次设定具有挑战性的目标，而且持之以恒地去加以完成，同时通过回馈机制不断寻找改善的空间。

2. 特质（traits）

特质是指一个人对外部环境与各种信息的反应方式、倾向等特有的内在特征，可以说是一个人对情景和信息的一种惯性反应。例如，反应敏锐与灵活性是对一名飞行员的基本特质要求。情绪的自我控制和主动积极的精神，是成功人士所必须具备的特质。

3. 自我概念（self-concept）

自我概念是指个人自我认知的结果，它是指个人对其自身的看法与评价。一个人对自我的评价，主要来自于将自身与他人相比较，而比较的标准即是自己的价值观。这种价值观是在自我成长过程中受到多种因素影响而形成的，例如，自信就是一个人坚信在任何情况下自己都能够应对各种事情，它是一个人自我概念的一部分。

4. 知识（knowledge）

知识是指一个人在某一个特定领域所拥有的信息。它是一项复杂的才能，是一种觉察、发现重要信息的能力，它针对于不同领域的需求而不同。例如，三代机飞行员与二代机飞行员所掌握的有关信息是不同的；机械师与飞机驾驶员所掌握的信息也不相同。

5. 技能（skill）

技能是指一个人结构化地运用知识来完成某项具体工作的能力，即对某一特定领域所需技术与知识的掌握情况。某些技能可以通过训练获得或提升。

图 1 为麦克里兰首先提出的著名"冰山模型"理论。该理论将胜任特征比作一座漂浮在水面上的冰山，知识和技能属于冰山以上部分，而价值观、社会角色、

自我概念、特质和动机则是深藏在冰山以下的部分。整座冰山从上往下，表明这些胜任特征要素的显现程度和评价的难易程度。

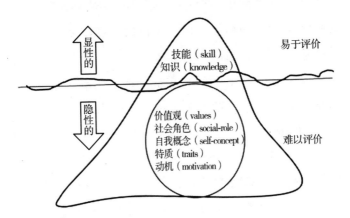

图1　"冰山模型"理论（McClelland，1971）

（三）胜任特征的分类与应用

根据预测目标的不同，胜任特征可分为"门槛"和"鉴别"两类。

1.门槛胜任特征

门槛胜任特征也称为基准胜任特征，是指满足进入某个职业或岗位基本需求的特征，也是最低要求的能力特征。它只用于评价是否能够从事某个职业，是否具备从事某个职业的基本要求，而不对优秀和一般加以区分。按照人力资源管理理论所述，能力发挥的最大效益化是人 - 岗匹配，当一个人的能力特征与其所从事的岗位需求相匹配时，人-岗的适宜性才能稳定，否则将是相反的结果。勇敢、自信、稳定就是对飞行员最基本的特征要求。

早在 1903 年，莱特兄弟成功地使比空气还重的自动飞行器在空中停留了 1 分钟，这标志着现代航空的诞生。与此同时，当第 1 名飞行员诞生时，飞行员选拔的问题就由此开始。这时，主要是对那些愿意飞行的人进行自我选拔和体格检查。当飞机被用于军事用途时，尤其是第一次世界大战，入选的应征者在训练中的淘汰率仍然很高的情况下，美国国家调查顾问小组成立了航空心理问题委员会，制定了一套标准的心理测验程序，用于辅助军事飞行员的选拔，从此开始了制度化的飞行员心理选拔。如何采用新技术将门槛胜任特征的选拔提升为鉴别胜任特征的选拔，也就是如何提升选出率成为一项重要工作内容。

2. 鉴别胜任特征

鉴别胜任特征也称为差异性胜任特征，是分辨优秀者与一般者的关键要素。理论研究与实践都已经证明，卓越人才的成长，除了环境因素，即"时势造英雄"之外，更多地在于优秀人才所具备的那些常人所不具备的某种潜在特质，或者说是针对某一特征职业、岗位所具有的特质，它是获取某一职业岗位绩效的根本基础，这些特质正是鉴别胜任特征。挑选与培养飞行员成为"能打仗、打胜仗"的人才，关键在于胜任特征元素容量与等级的辨别。鉴别胜任特征也为飞行人员的培养提供了具体、明确的效能指标，是评价或考核优秀者和一般者的重要指标依据。

德国心理学家菲茨（Fitts）认为一个应征者与第一次世界大战德国空军的王牌飞行员李希霍芬（Richthofen）越相似，他就越可能成为一名优秀的飞行员，这种观点和胜任特征的概念不谋而合。从飞行员心理选拔历史来看，往往还是重视了平面特征，对其立体特征要素的评估还应用得不多，更多关注了基准胜任特征。

3. 飞行员胜任特征的应用

军事飞行员的职业标准是"能打仗、打胜仗"。"能打仗"是职业合格的基本要求，即基准胜任特征。"打胜仗"则是优秀绩效的核心标准，属于鉴别胜任特征。通过对胜任特征模型的研究，细化基准胜任特征和鉴

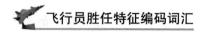

别胜任特征指标要素及其等级，将为军事飞行职业人员的选拔、训练、职业规划以及战斗力素质的提升提供科学依据。

（1）军事飞行员职业胜任特征指标架构

研究结果显示，军事飞行职业胜任特征指标体系由3个维度、10项指标构成，是区别飞行员绩效优异与绩效一般的核心要素。3个维度分别是心理动力、个性特质和心理能力，10项指标分属于3个维度。指标架构如图2所示。

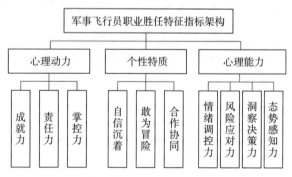

图2　军事飞行员职业胜任特征指标架构

1）心理动力。心理动力对成功具有驱动作用，是一种实现目标的内在驱动力。它隐含于思想和意识之中，既是一种激发个体获得成功的相对稳定或持久的特质；也是一种支配行为的驱动力量。它由"成就力""责任力""掌控力"三个要素指标构成，使其构成了一个导向动力系统。"成就力"是一种惯性行为模式，总是能为自己设立有挑战性的目标，并为达到目标而不懈努力，属于实现目标、追求卓越的能力。"责任力"是一种担当行为，反映了对工作有承担责任风险、全力进取、尽职尽责、舍得自我牺牲的精神，并对结果负责的一种自我价值取向的能力。"掌控力"是一种行为意识，是一种驾驭目标前的强烈愿望，反映了具有获得组织信任和他人尊重的愿望，一种基于战略思考与宏观意识的组织协调、给予他人力量、问题解决导向的主动行为能力。

优秀绩效飞行员应具备较强的心理动力，有明确的目标和充沛的原始动能，对追求的目标坚定，即使遇到来自外部环境的障碍，也能一如既往，从而获得成功。心理动力应成为选拔与培养飞行员的重要指标。

2）个性特质。个性特质是个体的一种一贯行为模式，是在各种情境下所表现出的本质、稳定、独特、一致性的基本行为特征。个性特质属于与生俱来的先天特质，是在与所从事的职业环境相互碰撞中逐渐固化的一种稳定心理行为特征。它由"自信沉着""敢为冒险""合作协同"组成。"自信沉着"是指对自己的一种积极评价，对自己的观点、决定和完成任务的能力，以及有效解决问题的能力的一种自我肯定，即使在挫折、危险的状态下也能够坚信自己可以通过一定的策略和机制有效应对。"敢为冒险"是指具有冒险精神，少有顾忌，不掩饰，不畏缩，能经历艰辛而保持刚毅的能力，甚至在危及生命时也毫不犹豫。"合作协同"是指在目标实施过程中，通过沟通的方式来促成相互配合，达到战斗单元成员之间的协调与合作，共同完成任务的目的。

3）心理能力。心理能力是飞行员心理品质的直接体现。广义上心理能力包含两个部分，一是基本认知能力部分，二是专业融合后形成的飞行心理能力部分。前者通过选拔获取，后者通过培养获取。飞行心理能力需要通过专业技术培训，逐渐获得专业技能和专业气质，从而形成固化的职业特质心理能力。它由"情绪调控力""风险应对力""洞察决策力""态势感知力"4项指标构成。"情绪调控力"是指在情绪受到无端干扰的情况下，能够保持冷静并抑制负面情绪与行动，合理调整情绪状态，采取积极有效行动的能力。"风险应对力"是指在遇到逆境或应对突发危险事件时，能够做到临危不惧、不放弃，积极努力争取成功所体现的适应、容忍、耐力、勇气的能力特质。"洞察决策力"是一种特殊的思维能力，通过事物表面现象能够准确地认识到事物的本质，并能够拿定主意、明确方向并作出决断的综合能力。"态势感知力"是指在飞行状态下能够精准控制输入量，精确操控飞行姿态，身体状态与飞行状态相整合，以确保连续机动能量在高机动环境条件下能够快速、准确判读处理数字信息和多源信息的能力。

（2）军事飞行员胜任特征同心圆模型

以因素分析获得的指标结构，构建了军事飞行员胜任特征模型，采用同心圆模型予以设计，可以更加直观、便于理解（图3）。

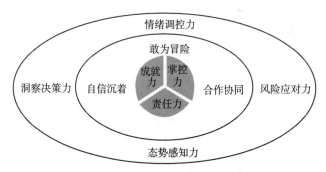

图3　军事飞行员胜任特征同心圆模型

图3中，从圆心到外围，显示了胜任特征由深及

11

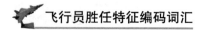

表的特征。最内核为心理动力，是绩效的动力之源，最难评价但最为重要，埋于最深处，需要挖掘、耕种才能客观评估。中圈为个性特质，与先天素质有关，是选拔的重要指标，非后天能够训练获得。外圈为心理能力，是与新机种相匹配的能力特征，属于经过心理训练不断提升的素质能力。我们构建的同心圆模型，与博亚特兹（Boyatzis）建立的洋葱模型所不同的是，洋葱模型呈现的是剥离特征，需要一层一层剥离才能够发现结构层次。同心圆模型的重要特点是，以平面结构的方式呈现，层次之间独立存在，各为所用。该模型能够深化理解胜任特征的实质，便于展望未来对胜任特征指标的应用。

二、飞行员胜任特征编码词汇

按照职业信息网（Occupation Information Network, O*NET）分类法，分为知识、能力、技能、活动、风格和价值6个部分。每一个行为特征词均给出了英文名、定义或注释。

（一）知识

01.01　地理　geography

描述陆地、海洋和气团特征的原理与方法的知识，包括它们的物理特性、位置、相互关系，以及植物、动物和人类生命的分布等。

01.02　电信学　telecommunication

信息传送、广播、转换、控制和操作等电信系统的知识。

01.03 飞机设计 aircraft design

涉及飞机的总体、结构、强度、空气动力、动力装置、仪器仪表、雷达、通信导航、救生、火控、电子对抗，以及航空武器系统、计算机辅助系统等方面知识。

01.04 飞行安全 flight security

能够确保飞机安全飞行，不会对飞机本身及地面居民和建筑物造成任何威胁，以保护人民财产、数据和机构等所采取的安全措施方面的知识。

01.05 飞行错觉 flight illusion

飞行员在飞行过程中，对飞行姿态、位置、方向、运动状况产生的错误知觉。常见的错觉包括：①感觉通道引起的前庭本体性错觉，如"矫正"性错觉、躯体旋转错觉、躯体重力错觉和科里奥利错觉；②主观感觉引起的视觉错觉，如倾斜错觉、俯仰错觉、方向错觉、倒飞错觉、反旋转错觉、速度错觉、高度错觉、时间错觉等。

01.06 飞行规章制度 flight rules and regulations

规范飞行活动、保障飞行安全等具体化的技术要求和技术标准等知识。

01.07 高空缺氧 altitude hypoxia

在航天航空活动中，因暴露于高空低气压环境所致的缺氧，属于"缺氧性缺氧"，因高空气氧分压降低所致，亦称"高空缺氧"。高空缺氧的主要症状有：头昏、头痛、视物模糊、肌肉运动不协调、情绪反应异常、智力功能障碍，以及气促、心悸、发绀等。

01.08 管理 management

涉及发展规划、资源分配、领导艺术、组训计划，以及协调人与各项保障资源关系等相关知识。

01.09 航空术语 aeronautical terminology

航空领域表示概念称谓的集合。通过语音或文字来表达或限定科学概念的约定性语言符号，是思想和认识交流的工具。

01.10　航空原理　aviation principles

主要指有关飞机升力产生的基本原理。涉及气流特性,飞机的升力和阻力,高速飞行空气动力性能特点,飞机的平衡、安定性和操作机动性,以及飞机发动机工作原理等方面的知识。

01.11　航空知识　aviation knowledge

关于飞机的构成及功用、飞机性能、飞行基本原理、飞机主要设备,以及各种飞行特点的航空基础理论和应用实践等知识。

01.12　机电科学　electro-mechanical science

综合计算机与信息技术、自动控制技术、传感检测技术、伺服传动技术和机械技术等交叉系统技术的科学知识。

01.13　计算机和电子学　computers and electronics

有关电路板、处理器、芯片、电子设备,以及计算机硬件和软件,包括应用程序及编程的知识。

01.14　军事理论　military theory

有关军队和战争的概念、范畴、原理、原则等理论体系。涉及国防法规、国防建设、世界军事、高技术战争、武器装备、军事地形与野战生存等内容的知识。

01.15　技术素养　technology literacy

对科学和技术进行评价和作出相应决定所必需的基本知识和行为表现。

01.16　机械　machine

机器和工具，包括它们的设计、使用、维修和保养等方面的知识。

01.17　抗荷动作　anti-G straining maneuver

当加速度作用高过载时，飞行员采用对抗性动作以提高心脏动脉血压水平，提高正加速度耐力的知识。抗载荷动作主要包括：M-1 动作、瓦尔萨瓦动作、L-1 动作、HP 与 PHP 动作。其机制是：①在腹肌及全身肌肉紧张收缩的条件下进行特殊呼气动作，保证胸内压升高时静脉回流不致受阻；②缩短心 - 脑垂直距离；

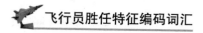

③肌肉持续收缩可引起交感神经兴奋；④ HP 与 PHP 动作是根据 +G 大小进行的肌肉用力收缩，并按照 2.5 秒一个周期的呼吸进行。

01.18　力量运动　strength exercise

也称为负重练习、阻力练习，是针对塑造力量的运动，对整体的健康状况增加力量、柔韧性和平衡力。通常力量运动包括仰卧起坐、举重、引体向上、俯卧撑等。

01.19　气象学　meteorology

研究大气及其物理现象的科学知识。从定性和定量两方面来说明大气特征的学科，集中研究大气的情况、变化规律和对天气的预报。

01.20　数学　mathematics

研究客观世界的数量关系和空间形式的科学，包括算术、代数、几何、微积分、统计学及其应用知识。

01.21　教育与培训　education and training

教育课程的原理与方法知识，培训设计、教学和指导，以及培训效果的评估等方面的知识。

01.22 通讯 communications

利用电信设施、设备与地面传送信息的系统知识。

01.23 物理学 physics

物理原理、规律及其相互关系的知识，以及在理解流体、材料和大气动力学，机械，电气，原子和亚原子结构与过程中的应用知识。

01.24 心理学 psychology

研究心理现象及其规律的科学。心理是人脑的机能，是对客观现实的主观反映。人的心理现象由心理过程、心理状态和心理特征三个相互联系的部分构成。心理过程由认识过程（如感知觉、记忆、思维、想象）、情感过程（如情绪和情感）和意志过程构成；心理状态主要指注意状况、机体的觉醒程度和情绪状态；心理特征包括个性倾向性（如需要、动机、态度、信念、兴趣、世界观）和个性心理特征（如能力、气质和性格）。

01.25　英语　english

英语的结构和内容方面的知识。涉及发音、词汇、拼写、语法、结构等知识。

01.26　有氧运动　aerobic exercise

在氧气充分供应的情况下进行的一种运动方式，即在运动过程中，人体吸入的氧气与需求相等，达到生理上的平衡状态。它是一种恒常运动，是持续 5 分钟以上还有余力的运动，游泳、慢跑、骑自行车等均为有氧运动方式。

（二）能力

02.01　爆发力　explosive strength

用短时爆发的肌肉力量推动自己（如跳跃、短跑或投掷物体）的能力。

02.02　闭合灵活性　flexibility of closure

识别或检测隐藏在其他分散材料中已知的图形、物体、单词或声音等模式的能力。

02.03 闭合速度 speed of closure

能够快速理解、组合并将信息组织成有意义模式的能力。

02.04 长时记忆 long-term memory

有巨大脑容量可长期保持信息，甚至终身记忆的能力。（1分钟以内的记忆为短时记忆，保持时间在 0.25～2 秒的记忆为瞬时记忆。）

02.05 多重任务处理 multi-tasking

能够有效地确定工作的优先级，并在需要的情况下同时进行工作。

02.06 独创性 originality

对特定的话题或情况提出不同寻常的想法，或提出解决问题的创造性方法的能力。

02.07 动觉辨别力 kinesthetic discrimination

对身体各部位运动的力量、速度和方位的知觉能力。即对肌肉、肌腱和关节等身体各部分的位置、运

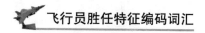

动及肌肉紧张程度的本体感觉能力。

02.08 动态力量 dynamic strength

反复或持续超时运用肌肉力量的能力，包括肌肉耐力和抵抗肌肉疲劳的能力。

02.09 多肢体协调 multi-limb coordination

在坐位、站立或躺着时，具有协调两个或多个肢体的能力，不包括整个身体运动时四肢的动作。

02.10 分配性注意 divided attention

同一时间对两种或两种以上任务的注意能力。

02.11 反应定向 response orientation

在两个或多个不同的信号（声音、光线、图像）下，快速作出选择的能力，包括手、脚或其他身体部位开始作出正确反应的速度。

02.12 反应时间 reaction time

当信号（声音、光线、图像）出现时，能够迅速用手、手指或脚作出反应所需的时间。

02.13　归纳推理　inductive reasoning

从众多具体事例中得出一般结论的推理能力，包括发现看似不相关的事件之间的关系。

02.14　警觉性　vigilance

对微弱刺激所产生的知觉现象，又称为知觉敏感。与个人生活经验有关，如侦查人员对线索的敏感度，就比一般人高。

02.15　确定优先级　establish priorities

关注目标与任务，能够确定几个问题中哪一个必须先解决的能力。

02.16　静态力量　static strength

以最大的肌肉力量举起、推、拉或搬运物体的能力。

02.17　机械能力倾向　mechanical aptitude

对机械方面的敏锐及实际操作机械工具的能力，对机械原理的了解与抽象推理等方面的综合能力。

02.18　记忆　memorization

大脑对客观事物的信息进行编码、储存和提取的认知过程。简言之，是记住诸如单词、数字、图片和程序等不同客观事物信息的能力。

02.19　抉择时间　decision time

为各种事件出主意、作决定的心理过程，选择在最佳的时机和用最好的策略或办法作出决定的能力，是专业飞行员所必需的品质。

02.20　空间定向　spatial orientation

能够知道自身位置与空间环境的关系，或知道其他对象与自身的关系，是对飞机状态、位置及自身与空间环境关系的识别与判断过程。

02.21　空间知觉　spatial perception

对物体的形状、大小、方位、距离等构成空间关系要素的知觉能力。

02.22 可视化 visualization

对某物被移动后，或其部分被移动后，或重新排列后，能够清楚呈现于大脑中的能力。

02.23 口头沟通 oral communication

借助于口头语言实现信息交流的能力。

02.24 口头表达 oral expression

通过口头表达信息的方式，让别人能理解交流信息和思想的能力。

02.25 口语理解 oral comprehension

听明白他人通过口头单词和句子所呈现的信息与想法的能力。

02.26 抗荷动作 anti-G straining maneuver

采用正确的姿势、呼吸方式、对抗性动作，提高正加速度耐力的能力。

02.27 精确控制 control precision

快速和重复地调整飞机状态或设备状态,将其控制到精确位置的能力。

02.28 模式识别 pattern recognition

将当前感知到的客体信息与长时记忆中已有的有关信息进行比较,判断对象的类别和特征的能力。在航空领域主要是指在极短时间内对字形、符号或图形等刺激能够辨别认识的能力。

02.29 耐力 stamina

长时间身体用力而不会气喘(上气不接下气)的能力。是衡量长久做某事或某动作所能坚持多久的一个指标。

02.30 躯干力量 trunk strength

能够使用腹部和后背部肌肉支撑部分身体,重复或持续坚持一段时间而不感觉疲劳的能力。

02.31　任务管理　task management

能够同时处理多个任务的能力。

02.32　手臂稳定性　arm-hands steadiness

能够保持手和手臂稳定，移动手臂或保持手臂和手在一个位置的能力。

02.33　手灵活度　manual dexterity

快速运动手的能力。如用手与手臂，或双手灵巧抓住、操作或组装物体。

02.34　深度知觉　depth perception

利用所获得的视觉信息，判断几个物体哪个离得更近或更远，或者判断与某个物体之间距离的能力。

02.35　时间分配　time sharing

指在两个或多个活动或信息源（如语音、声音、触摸或其他来源）之间有效地来回切换的能力，包括时间间隔、时间持续性。

02.36 时间估计 time estimation

不借助计时工具，仅凭主观经验对客观事件发生的持续性和顺序性的认知能力。

02.37 速率控制 rate control

在预测移动物体或场景的速度/方向变化时，掌控自己的运动或设备的移动定时的能力。

02.38 书面表达 written expression

以书面形式表达信息和思想，使他人能够理解的能力。

02.39 书面沟通 written communication

依据听者需要，通过书写方式进行有效沟通的能力。

02.40 书面理解 written comprehension

阅读和理解书面信息观点的能力。

02.41　身体平衡　body equilibrium

保持或恢复身体平衡或在不稳定位置时保持直立的能力。

02.42　思维流畅性　fluency of thinking

在解决问题的过程中，能够在短时间内提出许多可供选择的方案、假设等想法的能力，表现出思维不受阻滞、通达流畅的特点。

02.43　数学推理　mathematical reasoning

选择正确的数学方法或公式来解决问题的能力。

02.44　声源定位　sound localization

辨别声音来源方位的能力。

02.45　手 / 眼协调　hand/eye coordination

在视觉的配合下，手做精细动作协调性的能力。

02.46　数值　numerical

对数值的敏锐及使用数字的能力。

02.47　手指灵巧性　finger dexterity

用一只手或双手的手指进行精确协调运动，操纵或装配非常小的物体的能力。

02.48　数字运算　number facility

快速、灵活及正确地使用加、减、乘、除的能力。

02.49　听力敏感性　hearing sensitivity

觉察与辨别音高和响度差异的能力。

02.50　听觉注意力　auditory attention

在其他干扰声音存在的情况下，能够专注于单一声源的能力。

02.51　听力理解力　listening comprehension

通过听觉就能够明白他人口头表达的语音信息含义的能力。

02.52　肢体运动速度　speed of limb movement

快速运动手臂和腿的能力。

02.53 问题敏感性 problem sensitivity

判断某事件存在问题或可能存在问题的能力。它不涉及解决问题，只是能够认识到存在问题。

02.54 眩光敏感度 glare sensitivity

在强光或明亮灯光下看到物体的能力。

02.55 心理运动能力 psychomotor ability

通过控制自身的运动，保证运动任务完成所需的能力，包括精确控制、四肢协调、反应定向、反应时间、手臂灵活、随动控制、腕/手灵活、手指灵活、臂手稳定、腕/指速度等。

02.56 信息排序 information ordering

按照特定规则或一组规则（如数字、字母、单词、图片、数学运算的模式）将事物或动作按一定顺序或模式安排的能力。

02.57 选择反应时 choice reaction time

当呈现两个或两个以上不同刺激时，分别对每一

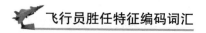

种刺激作出不同反应所花费的时间。

02.58　选择性注意　selective attention

面临干扰或其他刺激时，不分心地专注于一项任务，注意力保持在行为或认知定向上的能力。

02.59　运动协调　motor coordination

各运动器官协调动作与运动的能力，即机体各部分的活动在时间和空间里相互配合，合理有效地完成运动。

02.60　夜视力　night vision

在弱光线条件下看清物体的能力。

02.61　语音清晰　speech clarity

说话清晰，让别人能听懂你所说的话的能力。

02.62　语音识别　speech recognition

识别和理解他人言语的能力。

02.63　演绎推理　deductive reasoning

能够将一般规则应用于特定具体问题，从而产生有意义答案的能力。

02.64　周边视觉　peripheral vision

在眼睛注视前方时，能看到周边物体或物体向一侧移动的能力。

02.65　知觉速度　perceptual speed

快速准确地比较一组字母、数字、物体、图片或图案之间的相似性和差异性的能力。被比较的事物可以同时出现，也可以相继出现，包括将呈现的对象和记忆的对象进行比较。

（三）技能

03.01　处理突发事件　dealing with the emergencies

能够有效面对问题，沉着冷静地按程序处理突发事件。

03.02　操作　operation

观察仪表、标度盘或其他指示器，以确保操作仪器正常工作。

03.03　处置错觉　illusion disposal

当发生飞行错觉时，能够识别并采用正确的方法纠正错觉。

03.04　顿悟　insight

在问题解决过程中，对整个问题情境的突然领悟和豁然开朗，理解了问题情境中的各部分之间的关系。

03.05　排除故障　trouble shooting

确定操作错误的原因，并决定如何处理。

03.06　沟通　communication

个体之间、团体之间传递和交流信息的过程，是影响和改变对方态度的过程。主要通过语言文字来实现，也是基本的人际间相互作用的社会过程。

03.07　计划　planning

根据所要开展的工作具体内外环境条件的分析，提出在未来一定时期内要达到的组织目标及实现目标的方案途径。

03.08　解决复杂问题　solving complex problems

识别复杂问题并审查相关信息，制订和评估备选方案并予以解决。

03.09　逻辑思维　logical thinking

运用概念、判断、推理等思维类型反映事物本质与规律的认识过程，能够把不同的范畴、概念组织在一起，从而形成一个相对完整的思想，并加以理解和掌握，从而达到认识事物本质的目的，也称为抽象思维。

03.10　判断与决策　judgment and decision making

考虑潜在行为的最佳方式，能够获取的最佳效益，以选择最合适的行动方案。

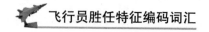

03.11 批判性思维 critical thinking

运用逻辑和推理来确定解决问题的各种方案、结论或方法的优缺点。

03.12 情绪调节 emotional regulation

主观上对自己的情绪进行有意识地制约或向积极方向推动的控制和调节过程。包括对情绪的认识、协调、引导、互动和控制。

03.13 人力资源管理 management of personnel resources

激励、发展和指导所属人员做某项具体工作，能够确定最适合这项工作的人。

03.14 社会洞察力 social perceptiveness

能够敏锐意识到出现的社会现象或公共政策及他人的反应，并能正确把握其发展规律，予以正确判断与认知。

03.15　时间管理　time management

以提高时间利用率和有效率，合理地计划和控制，有效地安排与运用时间的管理过程。简言之，就是管理自己的时间和他人的时间。

03.16　态势感知　situational awareness

在特定的时间和空间内，对环境中各种要素的知觉和对其意义的理解，并预测它们随后的状态。在航空领域是指飞行活动中飞行员对自身状态、飞机状态和环境诸因素的认知判断，以及对操纵动作后果的预见。

03.17　协调　coordination

根据制定的目标及他人的行为协商相关人员与自己有关的行为。

03.18　系统分析　systems analysis

能够把握系统正常工作机理，以及条件、操作和环境的变化将如何影响结果。

03.19　系统评估　systems evaluation

根据系统的目标，能够确定系统性能的适量或指标，以及改进或纠正性能所需的行动。

03.20　学习策略　learning strategy

在学习新事物时，选择和使用适合情况的培训、教学方法和程序。

03.21　阅读理解　reading comprehension

能够准确理解与工作相关文件中的书面句子和段落的意思。

03.22　优先次序　prioritization

同时处理几个不同工作内容任务时，确定多个问题中哪个必须首先解决，并实施完成。

03.23　主动学习　active learning

主动调整自己的学习策略和努力程度的过程，积极了解新信息对当前和未来问题解决与决策的影响。

03.24　自我监控　self-monitoring

监控／评估自己、他人或组织的工作效能，以做出改进或采取纠正措施。即为适应环境或符合他人的期望所进行的自我行为调整。

（四）活动

04.01　处理信息　processing information

汇集、归类、分析、判断或审核资料、数据。

04.02　创造性思维　creative thinking

独特、新颖地解决问题的思维活动方式，重新组织已有的知识经验，提出新的观点、方案或程序。

04.03　指导与培养他人　coaching and developing others

确定他人的发展需要，以指导或以其他方式帮助他人提高职业效能。

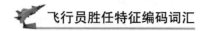

04.04 分析数据或信息 analyzing data or information

通过将数据或信息分解成不同的部分，分析信息的基本原理、原因或事实。

04.05 发展和建立团队 developing and building teams

发展和建立团队成员之间的相互信任、尊重和合作。

04.06 制定目标与战略 developing objectives and strategies

建立长期目标，并详细说明实现这些目标的战略和行动。

04.07 观察仪表状态 observe instrument status

使用相关信息和个人主观判断来确定仪表状态运行过程是否符合正常标准。

04.08　更新和使用相关知识　updating and using relevant knowledge

更新技术，并将新知识、新技术应用到工作中。

04.09　决策与解决问题　making decisions and solving problems

分析信息，评估结果，权衡利弊、风险，选择最佳解决方案，作出解决问题的决定。

04.10　协调工作与活动　coordinating the work and activities of others

在一个团队中协商交流战术方案，一起有效率地完成工作任务。

04.11　培训和教导他人　training and teaching others

按照因材施教的教育需求，制订合适的教育或培训计划，培训和教导他人。

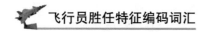

04.12　收集与利用信息　getting information and making use of

　　观察、接收或以其他方式从所有相关信息来源中获得可用信息并利用之。

04.13　维护团队和谐　maintaining interpersonal relationships

　　与他人发展和谐的工作关系，并长期保持这种关系。

04.14　引导、指导和激励下属　guiding, directing and motivating subordinates

　　向下属提供指导和方向，包括制定绩效标准，并监督执行。

（五）风格

05.01　保密意识　secrecy consciousness

　　不让秘密泄露，保守事物秘密的警觉意识。

05.02　成就动力　achievement motivation

建立并保持具有挑战性、有意义的目标，能够克服困难，以高标准要求达到预期目标的内在动力和心理倾向。

05.03　持久性　persistence

在一定边界范围内，保持恒定或维持某一特定状态的持续时间。

05.04　承受心理压力　ability to withstand psychological stress

能够经受心理压力带来的各种影响，保持良好的心理状态。

05.05　创新　innovation

以有别于常规的见解为导向，利用现有的知识和物质，本着最佳效益或理想化的需要，改进或创造新的内容，并能获得一定有益效果的行为。

05.06　诚信正直　integrity

具有品行端正，言行一致，能够坚持正义、兑现承诺、诚实，所做之事合乎道德规范，令人信赖的特征。

05.07　担当责任　assuming responsibility

敢于承担并负责任，能够自觉、主动地做好一切有益事情的特质。

05.08　独立性　independence

能够不受他人影响表达自己的态度、价值观，在很少或没有监督的情况下能够依靠自己把事情做好。

05.09　风险耐量　risk tolerance

也称为风险容忍度，用于衡量达到最佳飞行效能过程中对风险种类、大小等可接受程度的特质。

05.10　果断性　decisiveness

能够迅速而合理地决断，及时采取策略并执行决定的特质。

05.11 关心他人 concern for others

能够敏锐地感觉他人的需求，理解他人并给予帮助的特质。

05.12 焦虑耐量 anxiety tolerance

在焦虑状态下发挥正常生活功能的程度，也指个人对焦虑状态的承受力。

05.13 进取性 aggressiveness

自立自强、力争上游的进取行为，自信心极强，以行动奋发追求成功的人格特质。

05.14 坚毅 grit

对目标具有持续激情和持久耐力。朝着一个目标，专注投入、坚持不懈，在逆境或失败中也能保持积极努力的状态。

05.15 可靠性 dependability

可靠、履责尽职、让人信赖的特质。

05.16　领导力　leadership

能够影响、指导团体中成员的态度或行为，提供发展建议和引领实现设定目标意愿的特质。

05.17　乐群性　sociability

喜欢与他人一起工作，喜欢人多、热闹的环境，在工作中善于交际的特质。

05.18　智谋　resourcefulness

富有智慧，善于谋划，具有足智多谋的特质。

05.19　魄力与战斗型领导　physical and combat leadership

魄力型的领导作风，能够激发团队成员的热情与干劲，负责任地统率部属全力以赴地向打胜仗的目标方向发展，具有不打赢不罢休的特质。

05.20　冒险　risk taking

在成败不能确定的情境下，具有不顾危险而作出决定的特质。遇到具有挑战性问题及危险情境时喜欢冒险，当成功机会少但富有意义时，敢于尝试。

05.21　满意度　satisfaction

达到所追求目标时产生的一种内在心理愉快感，也是愿望实现时的一种心理满足感。

05.22　情绪稳定　emotional stability

情绪反应合乎情境，不因情境变化表现出过度激动反应的人格特质。

05.23　说服 / 影响　persuading/ influencing

通过劝说、诱导的方式，最后使他人改变观点、态度或价值观，从而获得他人支持，并产生积极效果的特征。

05.24　事业心　enterprise

对目标具有坚定不移的信念及锲而不舍的精神，并能够采取具体行动的特质。

05.25　适应性 / 可塑性　adaptability/flexibility

保持开放的态度，来应对环境的各种变化，能够

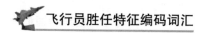

使自身与环境间保持和谐状态的特质。

05.26　团队协作　teamwork

为达到既定目标，团队成员能够做到资源共享和协同合作，并能充分意识到所带来的强大而持久力量的心理特质。

05.27　同理心　empathy

能正确感知对方的感受，并作出共情性回应。能设身处地理解他人、将心比心、换位思考、表达尊重的一种特质。

05.28　视角　perspective

从某一个观点的角度来看待整个事态全局，从而获得整体性的认识。

05.29　为他人着想　consideration for others

能够敏锐地感知他人的需求和感受，理解他人，并予以帮助。

05.30　无私　selflessness

能将公心发挥到极致，公正没有偏心，关注集体利益而不自私的一种特质。

05.31　心理弹性　resilience

从消极的情绪中恢复，能够适应外界多变环境，灵活应对压力、挫折和创伤等消极生活事件，是直面困难的一种特质。

05.32　信念　belief

对某种思想或准则具有坚定不移的心理状态。

05.33　协同性　cooperativeness

在工作中与他人为达到共同目的，能够彼此和睦相处、相互配合的一种联合行动方式的特质。

05.34　信心　confidence

对自己行为必定成功的推断，相信自己的愿望或预料一定能够实现的心理特质。

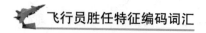

05.35 响应性 responsiveness

对出现的各种情况能够迅速作出反应的特质，包括对人和事的情感反应。

05.36 预见性 foresight

有远见，对事物发展有预先感知。

05.37 压力耐量 stress tolerance

也称为抗压能力，能接受批评，忍受内心的不悦，具有冷静并有效处理高强度压力的特质。

05.38 压力下的效能 performance under stress

在工作压力下，保持出色作业状态的一种特质。

05.39 勇气 courage

按照自己的信念行事，敢于做正确的事，具有果断、积极主动的心理特质。

05.40　在不舒服情况下有效工作　work effectively in uncomfortable situations

在环境、空间、服饰（抗荷服）等不完全满足生理状态，从而导致有不舒服感觉的情况下，仍然能够有效率地工作。

05.41　忠诚　loyalty

对组织、团队、家人、朋友等能够做到真心诚意、尽心竭力、没有二心，愿意以自己的努力、牺牲获取目标的实现。

05.42　在独立空间环境下有效工作　work effectively in isolation settings

在狭小独立的操作空间环境下，仍然保持有效率的工作状态。

05.43　主动性　initiative

愿意主动承担具有挑战性的工作，自发驱动自己去行动，有较强的自主决断行事的动力。

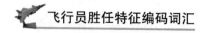

05.44　战斗中战士的责任　responsibility for men in combat

战斗中的一种有魄力、有责任的担当作为。

05.45　自律性　self-discipline

主动对自己的行为进行约束，在达成目标的行为活动中，能够克制自己的冲动，约束自己的欲念，在遵守社会规范的原则下获得满足的特质。

05.46　责任感　responsibility

一种自觉主动地做好一切有益事情的精神状态的特质。

05.47　个性风格　personality style

真正的本我，在任何时候都能充分显示出个人原本自我特征的风格。

05.48　自我觉察　self-awareness

个人能够辨别和了解自己的感觉、信念、态度、价值观、目标、动机和行为。简而言之，是对自己个性、能力、欲望等方面的辨别和了解。

05.49　自我控制　self-control

凭借自身的意志努力，对自己的心理和行为的主动控制，从而寻求更远大目标的特质。

05.50　自我评估　self-assessment

对自己的思想、愿望、行为、身心状况、人格特质、能力能够做到客观评价。

05.51　自信　assertiveness

发自内心地对自身力量的确信和肯定，深信自己一定能做成某件事，并且毫无畏惧，是一种"战无不胜"，有支配力、说服力，甚至能够感染到他人的行为特质。

05.52　注意细节　attention to detail

工作中能够注重细小情节，全面细致地完成任务。

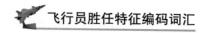

（六）价值

06.01 成就感 sense of achievement

做完一件事情或正在做一件事情时，能够感到愉快或成功，即愿望与现实达到平衡时产生的一种心理感受的认同或抉择。

06.02 才能 talent

具有的才智和能力，或具备但未表现出来的知识、经验和体力、智力有机会获得发挥的认同或抉择。

06.03 创造性 creativeness

超越既有经验、突破习惯限制，形成新观念的知觉认同或抉择。

06.04 道德 morality

遵守共同生活及其行为准则和规范的认同或抉择。

06.05 独立 independent

态度与意志不易受他人影响，遇事有主见，不依赖他人就能独立处理事情的认同或抉择。

06.06　工作环境　work environment

对与飞行相关工作的物理环境、人际环境和组织环境的认同或抉择。

06.07　晋升　promotion

职务、职级、职称等,从低级别向高级别升迁的认同或抉择。

06.08　认可　accepted

渴望自己的行为、所做的工作被接纳的认同或抉择。

06.09　荣誉　honor

成就和地位得到广为流传和尊重的认同或抉择。

06.10　社会地位　social status

在一定社会关系体系中所处的位置,对具有社会威望和荣誉高低程度的认可或抉择。

06.11 使命感 the sense of mission

对时代、国家和社会赋予使命的一种感知和认同，以此完成自己的使命，实现人生价值的抉择。

06.12 稳定 stabilization

对所处环境或心境在一定的时间内不会轻易变化的一种状态认同或抉择。

06.13 薪酬 salary

对从事飞行职业工作所获得的工资或各种形式酬劳的认同或抉择。

06.14 行动 action

对从事具体飞行职业活动的认同或抉择。

06.15 自我牺牲 self-sacrifice

把自己的全部精力和生命献给国家、人民或飞行事业的认同或抉择。

06.16　责任　responsibility

对自觉主动做好一切有益事情的认同或抉择。

06.17　战友　comrade-in-arms

对并肩作战同伴的认同或抉择。

06.18　自主性　autonomy

按照自己的意愿行事，包括自由表达意志，独立作出决定，自行推进行动进程的认同或抉择。

三、参考文献

［1］Damos, Diane L. KSAOs for military pilot selection: A review of the literature［R］.Air Force Personnel Center Strategic Research and Assessment，2011.

［2］Kubisiak C. US Army Aviator Job Analysis［R］.United Systes Army Research Institute for the Behavioral and Social Sciences，2006.

［3］Ron B，Phil L，Pam F，et al. Summary of O*NET 4.0 Content Model and Database，Working Paper of National Center for O*NET Development［R］.2001.

［4］全国科学技术名词审定委员会.心理学名词［M］.2 版.北京：科学出版社，2014.

［5］杨治良，郝兴昌.心理学辞典［M］.上海：上海辞书出版社，2016.

［6］凌文辁，方俐洛.英汉心理学词典［M］.北京：机械工业出版社，2000.

［7］张春兴.张氏心理学辞典［M］.上海：上海辞书出版社，

1992.

[8] 宋华淼. 航空心理效能［M］.北京：清华大学出版社，2020.

[9] 宋华淼，王颉. 新机种军事飞行员职业胜任特征指标体系及模型构建[J].中华航空航天医学，2016，27(2)：81-86.

四、英汉索引

A

B

C

D

E

H

I

J

K

L

M

N

O

T

五、汉英索引

B

C

H

J

K

N

P

Q

R

S

T

Y

Z